中国铁建股份有限公司企业标准

中低速磁浮交通车辆基地设计规范

Code for Design of Medium and Low Speed Maglev
Transportation Vehicle Base

Q/CRCC 33806—2019

主编单位：中铁第四勘察设计院集团有限公司
批准单位：中国铁建股份有限公司
施行日期：2020 年 5 月 1 日

人民交通出版社股份有限公司
2019 · 北京

图书在版编目（CIP）数据

中低速磁浮交通车辆基地设计规范／中铁第四勘察
设计院集团有限公司主编. — 北京：人民交通出版社股份
有限公司，2019.12

ISBN 978-7-114-15866-7

Ⅰ. ①中… Ⅱ. ①中… Ⅲ. ①磁悬浮列车—铁路车站
—建筑设计—技术规范 Ⅳ. ①TU248.1-65

中国版本图书馆 CIP 数据核字（2019）第 221380 号

标准类型：中国铁建股份有限公司企业标准

标准名称：中低速磁浮交通车辆基地设计规范

标准编号：Q/CRCC 33806—2019

主编单位：中铁第四勘察设计院集团有限公司

责任编辑：曲　乐　张　晓

责任校对：孙国靖　扈　婕

责任印制：张　凯

出版发行：人民交通出版社股份有限公司

地　　址：（100011）北京市朝阳区安定门外外馆斜街 3 号

网　　址：http：//www.ccpress.com.cn

销售电话：（010）59757973

总 经 销：人民交通出版社股份有限公司发行部

经　　销：各地新华书店

印　　刷：北京印匠彩色印刷有限公司

开　　本：880×1230　1/16

印　　张：3.75

字　　数：67 千

版　　次：2019 年 12 月　第 1 版

印　　次：2019 年 12 月　第 1 次印刷

书　　号：ISBN 978-7-114-15866-7

定　　价：28.00 元

（有印刷、装订质量问题的图书由本公司负责调换）

序　一

2016 年 5 月 6 日，由中国铁建独家承建的我国首条中低速磁浮商业运营线——长沙磁浮快线开通试运营。长沙磁浮快线是世界上最长的中低速磁浮线，是我国磁浮技术工程化、产业化的重大自主创新项目，荣获我国土木工程领域工程建设项目科技创新的最高荣誉——中国土木工程詹天佑奖。长沙磁浮快线是中国铁建独创性采用"投融资＋设计施工总承包＋采购＋研发＋制造＋联调联试＋运营维护＋后续综合开发"模式的建设项目，其建成标志着我国在中低速磁浮工程化应用领域走在了世界前列，也标志着中国铁建成为中低速磁浮交通的领跑者和代言人。

我国已进入全面建成小康社会的决定性阶段，正处于城镇化深入发展的关键时期，亟待解决经济发展、城市交通、能源资源和生态环境等问题，而中低速磁浮交通具有振动噪声小、爬坡能力强、转弯半径小等优势，业已成为市内中低运量轨道交通、市郊线路和机场线、旅游专线等的有力竞争者。以中低速磁浮交通为代表的新型轨道交通是中国铁建战略规划"7＋1"产业构成中新兴产业、新兴业务重点布局新兴领域之一，也是中国铁建产业转型升级、打造"品质铁建"、实现高质量发展的切入点之一。2018 年 4 月，中国铁建开展了中低速磁浮标准体系建设工作，该体系由 15 项技术标准组成，包括 1 项基础标准、9 项通用标准和 5 项专用标准，涵盖勘察、测量、设计、施工、验收、运营和维护全过程、全领域；系列标准立足总结经验、标准先行、补齐短板、填补空白，立足系统完备、科学规范、国内一流、国际领先，立足推进磁浮交通技术升级、交通产业发展升级和人民生活品质提升。中低速磁浮系列标准的出版，必将为中国铁建新型轨道交通发展提供科技支撑力并提升中国铁建核心竞争力。

希望系统内各单位以中低速磁浮系列标准出版为契机，进一步提升新兴领域开拓战略高度，强化新兴业务专有技术培育，加快新兴产业标准体系建设，以为政府和业主提供综合集成服务方案为托手，以"旅游规划、基础配套、产业开发、交通工程勘察设计、投融资、建设、运营"一体化为指导，全面推动磁浮、单轨、智轨等新型轨道交通发展，为打造"品质铁建"做出新的更大贡献！

董事长：　　　　　　　　　总裁：

中国铁建股份有限公司

2019 年 12 月

序　二

建设更安全可靠、更节能环保、更快捷舒适的轨道交通运输系统，一直都是人类追求的理想和目标。为此，我国自20世纪80年代以来积极倡导、投入开展中低速常导磁浮列车技术的研究。通过对国外先进技术的引进、消化、吸收以及自主创新，利用高校、科研院所及设计院等企业的协调合作，我国逐步研发了各种常导磁浮试验模型车，建设了多条厂内磁浮列车试验线，实现了载人运行试验，标志着我国在中低速常导磁浮列车领域的研究已跨入世界先进国家的行列，并从基础性技术研究迈向磁浮产业化。

国内首条中低速磁浮商业运营线——长沙磁浮快线于2014年5月开建，开启了国内中低速磁浮交通系统从试验研究到工程化、产业化的首次尝试，实现了国内自主设计、自主制造、自主施工、自主管理的中低速磁浮商业运营线零的突破。建成通车时，我倍感欣慰，不仅是因为我的团队参与了建设，做出了贡献，更因为中低速磁浮交通走进了大众的生活，让市民感受到了磁浮的魅力，让国人的磁浮梦扬帆起航。

在我国磁浮技术快速发展的基础上，中国工程院持续支持了中低速磁浮、高速磁浮、超高速磁浮发展与战略研究三个重点咨询课题。三个课题详细总结了我国磁浮交通的发展现状、发展背景，给出了我国磁浮交通的发展优势、发展路径、发展战略等建议。同时，四年前，在我国已掌握了中低速磁浮交通的核心技术、特殊技术、试验验证技术和系统集成技术，并且具备了磁浮列车系统集成、轨道制造、牵引与供电系统装备制造、通信信号系统装备制造和工程建设的能力的大背景下，我联合多名中国科学院院士、中国工程院院士、大学教授署名了一份《关于加快中低速磁浮交通推广应用的建议》，希望中低速磁浮交通上升为国家战略新兴产业。

两年前，国内首条旅游专线——清远磁浮旅游专线获批开建，再次推动了中低速磁浮交通的产业化发展，拓展了其在旅游交通领域的应用。

现在，我欣慰地看到，第一批中国铁建中低速磁浮工程建设企业标准已完成编制，内容涵盖了工程勘察、设计、施工、验收建设全过程以及试运营、运营、检修维护全领域，结构合理、内容完整，体现了中低速磁浮交通标准体系的系统性和完整性，体现更严、更深、更细的企业技术标准要求。一系列标准的发布，凝聚了众多磁浮人的智慧结晶，对推动我国中低速磁浮交通事业的发展、实现"交通强国"具有重要的意义。

磁浮交通一直在路上、在奔跑，具有绿色环保、安全性高、舒适性好、爬坡能力强、转弯半径小、建设成本低、运营维护成本低等优点，拥有完全自主知识产权的中低速磁浮交通也是未来绿色轨道交通的重要形式。磁浮人应以国际化为目标，以产业化为支撑，以市场化为指导，以工程化为载体，实现我国磁浮技术的发展和应用。

　　作为磁浮交通科研工作者中的一员，我始终坚信磁浮交通有着广阔的发展前景，也必将成为我国轨道交通事业的"国家新名片"。

中国工程院院士：

2019 年 11 月

中国铁建股份有限公司文件

中国铁建科技〔2019〕165 号

关于发布《中低速磁浮交通术语标准》等 15 项中国铁建企业技术标准的通知

各区域总部，所属各单位：

现批准发布《中低速磁浮交通术语标准》（Q/CRCC 31801—2019）、《中低速磁浮交通岩土工程勘察规范》（Q/CRCC 32801—2019）、《中低速磁浮交通工程测量规范》（Q/CRCC 32802—2019）、《中低速磁浮交通设计规范》（Q/CRCC 32803—2019）、《中低速磁浮交通信号系统技术规范》（Q/CRCC 33802—2019）、《中低速磁浮交通供电系统技术规范》（Q/CRCC 33803—2019）、《中低速磁浮交通接触轨系统技术标准》（Q/CRCC 33805—2019）、《中低速磁浮交通车辆基地设计规范》（Q/CRCC 33806—2019）、《中低速磁浮交通土建工程施工技术规范》（Q/CRCC 32804—2019）、《中低速磁浮交通机电工程施工技术规范》（Q/CRCC 32805—2019）、《中低速磁浮交通工程施工质量验收标准》（Q/CRCC 32806—2019）、《中低速磁浮交通试运营基本条件》（Q/CRCC 32807—2019）、《中低速磁浮交通车辆检修规程》（Q/CRCC 33804—2019）、《中低速磁浮交通运营管理规范》（Q/CRCC 32809—2019）和《中低速磁浮交通维护规范》（Q/CRCC 32808—2019），自 2020 年 5 月 1 日起实施。

15 项标准由人民交通出版社股份有限公司出版发行。

中国铁建股份有限公司

2019 年 11 月 18 日

中国铁建股份有限公司办公厅　　　　　　　　　2019 年 11 月 18 日印发

前　言

本规范是根据中国铁建股份有限公司《关于下达中国铁建中低速磁浮工程建设标准编制计划的通知》（中国铁建科设〔2018〕53号）的要求，由中铁第四勘察设计院集团有限公司会同有关单位编制完成。

本规范编制过程中，编制组经广泛调查研究，认真总结实践经验，广泛征求国内从事中低速磁浮交通方面有关单位及专家意见，并参考国内外相关标准，编制了本规范。

本规范共分13章，主要内容包括：1 总则；2 术语及定义；3 总体设计；4 功能和规模；5 段址选择及总平面布置；6 运用设施；7 检修设施；8 综合维修中心；9 物资总库；10 培训设施；11 救援与抢险；12 其他设施；13 相关专业设计。

本规范由中国铁建股份有限公司科技创新部负责管理，由中铁第四勘察设计院集团有限公司负责具体技术内容的解释。执行过程中如有意见或者建议，请寄送中铁第四勘察设计院集团有限公司设备处（地址：湖北省武汉市武昌区和平大道745号，邮编：430063，电子邮箱：275577395@qq.com），以供今后修订时参考。

主 编 单 位：中铁第四勘察设计院集团有限公司
参 编 单 位：中铁磁浮交通投资建设有限公司
　　　　　　　中铁第一勘察设计院集团有限公司
　　　　　　　中铁上海设计院集团有限公司
主要起草人员：李经伟　郭志勇　邱建平　王　峻　邱绍峰　刘高坤　张　琨
　　　　　　　刘大玲　张　浩　殷　勤　李加祺　冯　帅　黄世明　王开康
　　　　　　　黄冬亮　张宝华　李伟强　丁兆锋　金陵生　宗凌潇　章　致
　　　　　　　贾晓宏　王亚丽　王晓峰

主要审查人员：黄海涛　李晓龙　滕一陞　佟来生　张立青　马卫华　张家炳
　　　　　　　王士国　李拥军　曹克非　蔡援朝　刘锡稠

目　　次

Contents

1　总则

1.0.1　为使中低速磁浮交通车辆基地达到安全可靠、功能合理、经济适用、节能环保、技术先进的要求，制定本规范。

1.0.2　本规范适用于最高运行速度不超过 120km/h 的中低速磁浮交通工程车辆基地的设计。

1.0.3　车辆基地应包括车辆段（停车场）、综合维修中心、物资总库、培训中心和其他生产、生活、办公、救援等配套设施。

1.0.4　车辆基地设计，应符合城市总体规划和城市轨道交通线网规划要求。

条文说明

本条规定车辆基地的功能、布局和各项设施的配置，应根据城市轨道交通线网规划、既有车辆基地状况和设计的工程具体情况分析确定，其根本目的是避免功能过剩或不足，力求布局和设施的配置合理，避免重复建设以造成浪费。

1.0.5　车辆基地设计，应结合初、近、远期，统一规划，分期实施。站场股道、房屋建筑和机电设备等按近期需求设计；近、远期规模变化不大或厂房扩建困难时，其厂房可按远期规模一次建成。

条文说明

车辆基地属于大型建设工程，投资大，且大部分是地面工程，因此，在总规划前提下可实行分期实施。一般站场股道、房屋建筑和机电设备等应按近期需要设计，用地范围应按远期规模确定。由于基地近、远期工程联系密切，因此，要求确定远期用地范围时，应将其股道和主要房屋进行规划和布置，保证工程建设可持续发展。此外，由于工程近期设计年限长达 10 年，因此，对某些设施如车辆段的停车列检库和相应设备，根据检修工艺的实际情况，当今后扩建或增建不影响正常生产和周围环境时，可在完成总体规划的基础上分期实施，以避免该部分设施搁置多年不用而造成浪费。

1.0.6 车辆基地设备设计应采用安全适用、先进成熟、经济合理、节能环保的新技术、新设备、新工艺、新材料。

1.0.7 车辆基地设计应对所产生的废气、废液、固废、噪声和电磁辐射等进行综合治理，并符合现行国家和地方有关规范的规定。

1.0.8 车辆基地设计涉及既有河道、水利设施、既有道路、规划道路及重要管线迁改时，应取得水利、水务及市政相关部门的认可，相关迁改设施应与本工程同时施工。

1.0.9 车辆基地设计应符合国家节能、节地、节水、节材、环境保护和消防等有关法律法规的规定。

1.0.10 车辆基地安全生产、环境保护设施应与主体工程同时设计、同时施工、同时投产。

1.0.11 车辆基地内宜设置危险废品暂时存储设施设备，并符合国家现行有关标准的规定。

1.0.12 车辆基地设计除应符合本规范外，尚应符合国家现行有关标准及中国铁建现行有关企业技术标准的规定。

2　术语

2.0.1　中低速磁浮交通　medium and low speed maglev transit
采用直线异步电机驱动，定子设在车辆上的常导磁浮轨道交通。

2.0.2　中低速磁浮交通车辆　medium and low speed maglev vehicle
采用常导电磁悬浮技术实现悬浮导向，通过直线异步电机实现牵引和电制动的轨道交通车辆。

2.0.3　车辆基地　vehicle base
中低速磁浮交通车辆停放、检修及后勤保障的基地，通常包括车辆段、停车场、综合维修中心、物资总库、培训中心等部分以及相关的生活设施。

2.0.4　车辆段　depot
承担配属车辆的停放、运用管理、整备保养、检查工作、定修或者大架修任务的基本生产单位。

2.0.5　停车场　stabling yard
承担配属车辆的停放、运用管理、整备保养及检查工作的基本生产单位。

2.0.6　检修修程　inspection and repair schedule
根据车辆技术状态和寿命周期综合确定的车辆检修等级划分。

2.0.7　检修周期　inspection and repair interval
车辆各级修程中两次检修的间隔，通常用车辆运行公里数或检修时间表示。

2.0.8　综合维修中心　comprehensive maintenance center
满足全线线路、轨道、道岔、桥梁、涵洞、隧道、房屋建筑、道路等设施的维修、保养，以及牵引供电、运行控制、基础通信和机电设备的运行管理、维修、检修需要，分设工建、供电、通号、机电等车间。

2.0.9 物资总库 material storehouse

承担全线各系统运营、检修所需的各类材料、设备、备品备件、劳保用品、F 型导轨、道岔配件以及非生产性固定资产的采购、储备、保管和发放工作，包括各种仓库、材料棚、材料堆放场地和必要的办公、生活房屋。

2.0.10 培训中心 training center

负责组织和管理职工的技术教育和培训工作，包括模拟驾驶装置及其他系统模拟设施、培训办公和生活用房，以及必要的教学设备和配套设施。

2.0.11 轨道 track

承受列车荷载和约束列车运行方向的设备或设施总称。

2.0.12 轨距 track gauge

轨道两侧 F 型导轨悬浮检测面中心线之间的距离。

2.0.13 柱式轨道桥 column type track support structure

设置在检查/检修库内，采用离散型柱式结构，用于支承轨道结构，安装接触轨，实现中低速磁浮列车库内运行、方便检查/检修的结构物。

2.0.14 承轨梁 supporting-track beam

设置在隧道、路基或桥梁上，用于支承轨道结构，安装接触轨，实现中低速磁浮车辆抱轨运行的结构物。

2.0.15 中低速磁浮道岔 turnout for medium and low speed maglev transit

中低速磁浮线路的转线设备，由主体结构、驱动、锁定、控制等部分组成。其主体结构梁由三段钢结构梁构成，每段钢结构梁依次围绕三个实际点旋转实现转线。按照结构组成和功能状态，可分为单开道岔、对开道岔、三开道岔、多开道岔、单渡线道岔和交叉渡线道岔。

2.0.16 低置结构 at-ground structure

路基与设置在路基之上的承轨梁组成的结构物。

2.0.17 感应板 reaction plate

车辆牵引用直线异步电机次级的组成部分，是非磁性导电材料，安装在 F 型钢上。

2.0.18　轨排　track panel

由 F 型导轨、轨枕、连接件及紧固件等组成，是中低速磁浮线路的基本单元。

2.0.19　接触轨　contactor rail

敷设在承轨梁两侧，通过受电靴向中低速磁浮列车供给电能的导电轨。

3 总体设计

3.0.1 车辆基地应结合既有地形地势，充分利用地下、地上空间，集约利用土地资源，做好近、远期规划和发展用地预留。

3.0.2 车辆基地总体布局应符合地方城市规划以及技术管理规定相关要求，处理好与地形地势条件、城市景观、市政道路以及既有建构筑物和地下管线之间的关系。

3.0.3 车辆基地应设围蔽设施，其设计宜结合当地的环境和要求，选用安全、实用、美观的结构形式和材料。出入线、咽喉区股道线群外侧及试车线均应设置通透隔离栅栏。

3.0.4 车辆基地内应有运输道路及消防道路，并应有不少于两个与外界道路相连通的出口。

3.0.5 轨道应满足车辆基地工程中车辆检修、维护的要求。

条文说明

　　轨排设计应满足车辆基地工程中车辆检修、维护工艺设计的要求，例如悬浮架的拆装或更换要求，车辆底架悬挂的大设备检修要求，车辆制动闸片、支撑轮设备的检修或更换要求，标准零轨设置要求等。

3.0.6 低置结构的主体工程设计使用年限为100年，且应满足刚度、强度、稳定性和耐久性要求，并符合环境保护的要求。

3.0.7 路基工后沉降值应控制在允许范围内，并应进行系统地沉降变形观测和分析评估。

3.0.8 桥梁设计应符合现行中国铁建企业技术标准《中低速磁浮交通设计规范》（Q/CRCC 32803）的有关规定。

3.0.9 信号系统应满足列车作业、安全防护及与正线信号系统接口的需求。

3.0.10 给水系统应满足生产、生活和消防对水量、水压和水质的要求，并应坚持综合利用、节约用水的原则。给水水源宜采用城市自来水，当沿线无城市自来水时，可采取其他可靠的给水水源。

3.0.11 车辆基地内应设置相应的安全警示和标识标牌。

4 功能和规模

4.0.1 车辆段与停车场的功能与设置应符合下列要求：

1 车辆段可根据其作业范围分为大、架修段和定修段，大、架修段应承担车辆的大修和架修及其以下修程的作业；定修段应承担车辆的定修及其以下修程作业。

2 停车场主要应承担列检和停车作业，必要时可承担双周/三月检及临修作业。

4.0.2 车辆段功能应包括以下内容：

1 列车管理和编组工作。

2 列车停放、列检、双周/三月检及清扫洗刷、定期消毒等日常维修保养工作。

3 段内配属列车的乘务工作。

4 车辆的定修、架修及大修等定期检修及检修后的列车试验。

5 车辆的临修。

6 段内设备、机具的维护和工程车等的整备及维修工作。

条文说明

为减小车辆段规模，未成线网的中低速磁浮交通线路的车辆段，建议承担车辆的定修及其以下修程作业和临时性故障修理。架修与大修任务应根据所在地情况充分利用社会资源完成。

4.0.3 停车场功能应包括以下内容：

1 列车管理和编组工作。

2 列车停放、列检、双周/三月检及清扫洗刷、定期消毒等日常维修保养工作。

3 段内配属列车的乘务工作。

4.0.4 车辆检修采用预防性计划维修与状态性故障修理相结合的检修制度。预防性计划维修按照修程等级执行分级维修模式；状态性故障修理按照车辆随机发生的故障执行临修的检修模式。

条文说明

预防性计划维修是指为维护磁浮车辆既定功能而做的所有工作，主要包括定期检查、防护维护保养工作、状态监测、定期更换零部件等。

状态性故障修理主要包括故障紧急维修与故障非紧急维修,其性质判别由在线诊断系统确定,通过在线诊断系统进行运行状态信息的监视,对突发故障信息判断是否需要紧急处理,并生成故障报告。

4.0.5 车辆段(停车场)配属磁浮列车数可按式(4.0.5)计算确定:

$$N_{配属} = N_{运用} + N_{在修} + N_{备用} \qquad (4.0.5)$$

式中:$N_{配属}$——基地配属磁浮列车数;

$N_{运用}$——运用磁浮列车数;

$N_{在修}$——检修磁浮列车数;

$N_{备用}$——备用磁浮列车数,可按 $0.1N_{运用}$ 计列。

条文说明

车辆配属数量可按初期设计年度的需求配置,主要是考虑车辆的价格较高,一次性采购将增加初期工程投资。

4.0.6 车辆段(停车场)各级检修列位数应按式(4.0.6)计算确定:

$$H = S \times T \times \frac{\beta}{D} \qquad (4.0.6)$$

式中:H——检修库列位数;

S——年检修工作量;

T——库停(作业)时间(d);

β——不均衡系数,取值范围 $1.1 \sim 1.2$;

D——年工作天数(d)。

条文说明

车辆的修程分为日检、双周检、三月检、定修、架修和大修,检修周期可按表4.0.6的规定执行。

表 4.0.6　车辆检修周期表

修　程	说　明	检修时间(d)
日检	每天进行的一般性检查	—
双周检	走行8000km或双周进行的检查和维护	1
三月检	运行4.8万km或不足4.8万km但距上次月检以上修程超过3月者	2
定修	运行19.2万km或不足19.2万km但距上次定修以上修程超过1年者	10
架修	运行96万km或不足96万km但距上次架修以上修程超过5年者	15
大修	运行192万km或不足192万km但距上次大修以上修程超过10年者	25

针对中低速磁浮交通线路站间距大、车辆旅行速度高的特点，参考目前国内运营的两条中低速磁浮工程车辆和城市轨道交通车辆的运维情况，确定了中低速磁浮车辆检修周期。相比于传统地铁车辆，中低速磁浮车辆对应修程下的走行里程增加，检修时间缩短，体现了中低速磁浮车辆易维护的优点。中低速磁浮车辆检修周期宜根据工程的定位、线路和车辆实际情况进行合理调整。

检修不平衡系数可按双周检、三月检取 1.2，定修、架修、大修取 1.1。

检修年工作天数取 250d，运用年工作天数取 365d。

4.0.7 车辆段应设置 1 条临修线。

4.0.8 牵出线数量应结合车辆段（停车场）规模设计，配属车辆较少时，可不设牵出线。

条文说明

牵出线数量应根据调车作业量进行计算，车辆配属数量较少时，可利用出入线实现牵出线功能。

4.0.9 牵出线的最小有效长度应按式（4.0.9）计算确定：

$$L_q = L_a + L_c + 10 \qquad (4.0.9)$$

式中：L_q——牵出线有效长度（m）；

L_a——牵引工程车长度（m）；

L_c——牵出列车总长度（m）；

10——牵出线终端安全距离（m）。

条文说明

10m 为距离牵出线终端的安全距离。中低速磁浮车辆段内调车一般采用自牵引方式，特殊情况，如故障状况下由救援工程车牵引，因此需考虑救援工程车长度。

4.0.10 车辆段（停车场）洗车线数量和设备配置应根据列车洗车作业量、洗车作业时间计算确定。

5 段址选择及总平面布置

5.0.1 车辆基地选址应符合下列规定：

1 用地应符合城市总体规划，与周边环境、景观相协调。

2 有良好的与车站接轨条件，减少空车走行的距离。

3 用地面积应满足功能和布置的要求，并具有远期发展余地。

4 具有良好的自然排水条件。

5 具有良好的市政接驳条件，便于城市电力、自来水、燃气等管线引入，便于雨污水管线接驳，便于市政道路连接。

6 宜避开工程地质和水文地质不良的地段。

5.0.2 车辆段（停车场）出入线的设计应符合下列规定：

1 出入线宜在车站接轨，并宜选在线路的终点站或折返站。

2 出入线应按双向运行设计，并应避免切割正线，规模等于或小于12列位的停车场出入线可按单线设计，大于12列位时宜按双线设计。

3 出入线与正线的接轨形式应满足正线设计运能要求。

4 出入线设计应根据行车和信号的要求留有必要的信号转换作业长度。

条文说明

车辆段和停车场出入线在车站接轨，有利于车站集中管理和作业，有利于提高正线行车安全；接轨站选在起终点站或折返站，以方便运营、减少列车出入车辆基地的空走时间、降低运营成本。但是车辆段和停车场场址的选择受城市规划、工程条件等因素限制，理想的接轨方案往往难以实现，在设计中应结合场址的选择、线路条件、车辆的技术条件和接轨站的条件进行技术经济比较，合理确定车辆段和停车场接轨方案。

当停车场规模不大时，其作业量也不大，通常设一条能双向运行的出入线即可满足运营需要。当车辆段或停车场规模较大时，为保证列车出入安全、可靠、迅速，车辆段或停车场出入线应按双线双向运行设计，以确保在事故状态下，列车进出段场具有可替代的运行径路。出入线与正线的接轨方式应注意避免车辆出入段径路与正线交叉，以降低安全隐患、提高车站咽喉运行效率。

列车在进站前一度停车转换信号或进行其他检测作业时需留有适当长度，该停车位不应影响其他列车的正常作业。

5.0.3 车场线是车辆段、停车场内线路的统称，应根据功能需要、工艺要求合理配置，并应符合下列规定：

1 停车场内车场线应包括双周/三月检线、停车列检线、洗车线、调机及工程车存放线、走行线、牵出线等。

2 定修车辆段内车场线应在停车场车场线的基础上增加定修线、临修线，宜设置静调线、吹扫线、试车线等。

3 大架修车辆段内车场线应在定修车辆段的基础上增加大、架修线，宜设置油漆线和车体检修线等。

5.0.4 车辆基地总平面设计应符合下列规定：

1 应根据车辆运用、检修的作业要求和选址的地形条件，维修中心、物资总库、培训中心和其他生产、生活、办公设施的布局，以及道路、管线、消防、环保、绿化等要求，结合当地气象条件，按有利于生产、方便管理和生活的原则进行统筹安排、合理布置。

2 生产房屋布置应以运用库和检修库为核心，各辅助生产房屋应根据生产性质按系统分区布置，与运用和检修作业关系密切的辅助生产房屋，宜分别布置在相关车库的辅跨内或邻近地点，性质相同或相近的房屋宜合并设置。

3 空压机、变配电、给水及锅炉等动力设施，宜设置在相关的负荷中心附近。

4 产生噪声、冲击振动或易燃、易爆的车间宜单独设置。

条文说明

是否设置空压机间、变配电所、给水所、锅炉房等应结合相关法律规范和标准、运营需求、维护成本等方面综合分析后确定。

5.0.5 试车线的设计应符合下列规定：

1 有效长度应根据车辆性能、技术参数及试车综合作业要求计算确定，试车线两端应设置车挡。

2 宜为平直线路，困难时线路端部可根据试车速度设置适当曲线，试车线的其他技术标准应与正线标准一致。

3 应设置试车设备用房。

4 应单独设置隔离开关。

5.0.6 车辆段（停车场）各种类车库有关部位的最小尺寸，宜符合表 5.0.6 的规定。

表 5.0.6　各种类车库有关部位最小尺寸（m）

项 目 名 称	停车库	列检库	双周/三月检库	定临修库	厂架修库	油漆库	调机车库
车体之间通道宽度（无柱）	1.6	2	3	4	4.5	2.5	2
车体与侧墙之间通道宽度	1.5	2	3	3.5	4	2.5	1.7
车体与柱边的通道宽度	1.3	1.8	2.2	3	3.2	2.2	1.5
库内后通道净宽	7	7	7	7	7	5	5
车库大门净宽	$B+0.6$						
车库大门净高	$H+0.4$						

注：1. B——磁浮车辆的宽度（m）。

2. H——磁浮车辆的高度（m）。

3. 静调库尺寸按定修库标准设计，车体库尺寸按油漆库标准设计。

5.0.7　车场线的设计应符合下列规定：

1　最小曲线半径不宜小于100m，困难情况下不应小于75m。

2　库内线应按平坡、直线设计，库前直线段不宜小于一节车体长度。

3　夹直线长度在困难条件下顺向曲线不得小于3.6m，反向曲线不得小于一节车体长度。

4　道岔应设在直线地段，道岔前端垛梁端部至曲线端部的距离不得小于一节车体长度，道岔后端垛梁端部至顺向曲线端部的距离不得小于3.6m。

5　两相邻对向布置的道岔垛梁之间的距离不得小于一节车体长度；两相邻顺向布置的道岔垛梁之间的距离不得小于3.6m。

6　道岔宜采用多开道岔，道岔范围内不得设置竖曲线，竖曲线离开道岔垛梁端部的距离不应小于6m。

7　检修库线宜采用尽端式布置。

5.0.8　车辆基地内道路设计应符合下列规定：

1　应有与城市道路连通的主干道，其跨越铁路正线时应采用立交形式。

2　段内运输道路设计应为环形道路。

3　主要干道路面宽度不应小于7.0m，非主要干道路面宽度不应小于4.0m。

4　列车通过公路运输到段或返厂/委外维修时，应考虑道路曲线半径、路面荷载、卸车场地等要求。

条文说明

新车入段道路的要求根据不同车型稍有不同，一般情况下25m长以内挂车，要求转弯半径≥25m，道路荷载要求与普通市政道路相同。

5.0.9 车辆基地内建筑物之间的通道宽度应符合消防、安全及卫生规定，并应满足修建道路、敷设各种地下和架空管线以及绿化等要求。

5.0.10 车辆基地内应有完整、有效的雨水排水系统及生产生活污水排放系统，并应与市政排水系统接通。

5.0.11 车辆基地的室外管线应结合总平面图、竖向设计等综合布置。

6 运用设施

6.0.1 运用设施包括停车列检库、双周/三月检库、洗车库以及根据生产需要配备的办公、生活房屋等。

6.0.2 停车列检库应根据当地气象条件和运营要求设计，停车、列检设施可考虑设棚。

6.0.3 停车列检库各线的列位设置应根据车库类型确定。当库型为尽端式布置时，每条库线宜按两列位布置。当库型为贯通式布置时，每条线宜按三列位布置。

6.0.4 车库内应采用接触轨或滑触线的供电方式，并设置送电时的信号显示或音响。采用接触轨方式供电时，应分段设置并加装安全防护。

6.0.5 停车列检库（棚）的最小长度宜按式（6.0.5）计算确定：

$$L_{tk} = N_t \times (L_c + 2) + (N_t - 1) \times 8 + 18 \qquad (6.0.5)$$

式中：L_{tk}——车库计算长度（m）；

N_t——每条线停车列位数；

L_c——列车长度（m）。

条文说明

2m 为停车误差，8m 为停车列位间通道宽度，附加长度 18m 主要考虑前端距端墙 6m，后端至车挡安全距离 5m，车挡距端墙 7m。

6.0.6 双周/三月检库的最小长度宜按式（6.0.6）计算确定：

$$L_{yl} = N_{yl} \times (L_c + 2) + (N_{yl} - 1) \times 8 + 18 \qquad (6.0.6)$$

式中：L_{yl}——月检库计算长度（m）；

N_{yl}——月检列位数；

L_c——列车长度（m）。

条文说明

2m 为停车误差，8m 为停车列位间通道宽度，附加长度 18m 主要考虑前端距端墙 6m，后端至车挡安全距离 5m，车挡距端墙 7m。

6.0.7 各车库的设计应符合下列规定：

1 车库大门距车辆外侧各部净距不应小于 150mm。

2 库房的净高应根据库内轨面高度、车辆高度、作业高度、安全距离等要求综合确定。

3 库内地坪面应光洁、平整，满足高精度停车作业和承载力要求。

4 库内各线路宜采用柱式轨道桥结构形式，轨面高程应结合作业需求确定。

5 轨道梁下均应设有固定照明、动力插座等设施。

条文说明

库内轨道梁结构如图 6.0.7 所示，轨面距库内地面的距离 A 按 1.5～1.8m 设置。

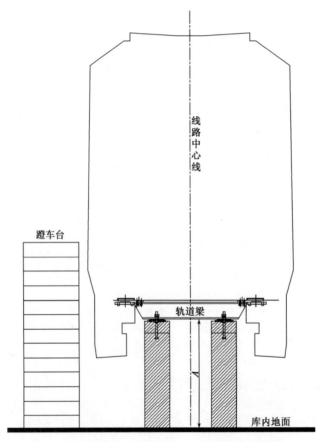

图 6.0.7　库内轨道梁结构及与地面的相对位置关系

6.0.8 车辆基地应根据作业需求设人工清洗平台或机械洗车设施；机械洗车设施应包括洗车机、洗车线及洗车库，并应符合下列规定：

1 洗车机宜满足车辆两侧和端部司机室的洗刷要求，并应具有清水清洗及化学洗涤剂功能。

2 洗车线宜贯通式布置，当地形受限制时，可按尽端式布置。

3 洗车线在洗车库前后一辆车长度范围内应为直线。

4 洗车线的有效长度应满足正常洗车作业，并且不应影响相邻线路正常作业。

5 应根据洗车机的要求配备辅助生产房屋。

6 洗车库内不设接触轨。

条文说明

由于磁浮道岔系统建设成本和维护成本高，车辆基地内应尽量减少道岔数量，因此，洗车线不应采用八字式布置方式。

6.0.9 车辆段（停车场）应根据列车日常维修作业的需要，配备车辆车载通信信号设备的维修、车辆内部清扫、工具存放、备品存放及工作人员更衣休息等生产、办公、生活房屋。生产、办公、生活房屋宜设于运用库的辅跨内或临近地点。

6.0.10 车辆段（停车场）内列车运用调度、检修调度和防灾调度等宜合并设置为车辆段调度中心。调度中心应设置有站场信号和正线行车调度作业的显示装置。

6.0.11 车辆段（停车场）内应设置乘务员公寓，其规模应根据早晚运行列车乘务员人数确定。

7 检修设施

7.0.1 检修设施应包括大架修库、定修库、临修库、吹扫库、静调库及辅助生产房屋等，并应根据其功能和检修工艺要求设置，同时应符合下列要求：

1 定修段应设置定修库、临修库，并根据需要设置相应其他线路和辅助生产房屋。

2 大架修段除设置定修段各种检修设施外，尚应根据车辆检修要求设大架修库、静调库和悬浮架、直线电机等部件检修库，并可根据需要设置油漆库。

7.0.2 大架修库的设计应符合下列规定：

1 大架修宜采用定位修作业模式，并设置车体检修作业空间。

2 大架修库应设置满足车体吊装的起重设备。

3 大架修库应设置悬浮架拆装设备。

4 大架修库的最小长度应按式（7.0.2）计算规定：

$$L_{ck} = L_c + (N_j - 1) + 18 \qquad (7.0.2)$$

式中：L_{ck}——大架修库计算长度（m）；

L_c——每列车长度（m）；

N_j——检修列车编组数。

条文说明

大架修库设计附加长度18m，主要考虑前端距端墙6m，后端至车挡安全距离5m，车挡距端墙7m。

7.0.3 定修库的设计应符合下列规定：

1 定修宜采用定位修作业模式，定修列位的长度应满足车钩检修作业空间需求。

2 定修线应设置车底大部件检修设备。

3 定修库的最小长度应按式（7.0.3）计算确定：

$$L_{dk} = L_c + (N_j - 1) + 18 \qquad (7.0.3)$$

式中：L_{dk}——定修库计算长度（m）；

L_c——每列车长度（m）；

N_j——检修列车编组数。

条文说明

大部件检修设备主要用于车辆逆变器、变压器等设备的下车检修，其设置位置及数量需保证每节车辆的大部件均能够被覆盖。

定修库设计附加长度18m，主要考虑前端距端墙6m，后端至车挡安全距离5m，车挡距端墙7m。

7.0.4 临修库的设计应符合下列规定：

1 临修库应设置满足车体吊装的起重设备。

2 临修库应设置悬浮架拆装设备，并应满足任意一组悬浮架拆装需求。

7.0.5 静调库可根据检修工作量的大小确定是否设置，其设计应符合下列规定：

1 静调库长度、宽度的设计可按双周/三月检库设计。

2 库内应设调试用的外接电源设备。

3 静调库应设单侧车顶作业平台及安全防护措施。

4 宜在静调线上设车辆限界检测装置，线路应设置标准零轨。

条文说明

标准零轨长度宜大于一列车长度，困难条件下应大于一节车长度，设置于距离库门3m位置，轨枕间距1400mm，用于车辆的标定工作。车辆基地内标准零轨的技术要求较正线高，本标准中标准零轨的技术要求采用0.5mm/4m，正线采用1mm/4m。

7.0.6 当车辆基地规模较小时，宜将大架修库、定修库、临修库、静调库合设。

7.0.7 车辆段应设吹扫设施，吹扫设施设计应符合下列规定：

1 吹扫设施宜包括吹扫线、吹扫作业平台和吹扫设备。

2 吹扫设备应根据吹扫作业的要求选用成熟可靠产品，并应根据作业和设备的要求配备辅助生产房屋。

7.0.8 油漆库应设置通风设备，并应采取消防和环保措施，库内电器设备应符合防爆要求。

7.0.9 大架修段的悬浮架检修间的设计应符合下列规定：

1 悬浮架检修间应毗邻大架修库设置，并应设置悬浮架、直线电机、电磁铁等零部件的检修、清洗、试验和探伤设备。

2 悬浮架检修间的规模和检修台位应根据悬浮架检修任务量、作业方式和检修时间计算确定。

　　3　悬浮架检修间应设置起重设备。

　　4　悬浮架检修间内或附近应设置悬浮架存放间。

　　7.0.10　车辆维护的测试应包括悬浮控制、直线电机、测量单元及制动系统等内容，测试间宜设于辅跨内，并应根据作业要求配置必要的测试设备。

8 综合维修中心

8.1 功能及架构

8.1.1 综合维修中心宜采用综合维修体制，在综合维修天窗时间内统一进行基础设施的检测、维修及养护作业。

8.1.2 综合维修中心宜以巡检、定检、就地（现场）检修、零部件更换为主，基地修理为辅的原则进行设计。

8.1.3 综合维修中心功能应能满足全线线路、轨道、道岔、桥梁、涵洞、隧道、房屋建筑、道路等设施的维修、保养，以及牵引供电、运行控制、基础通信和机电设备的运行管理、维修、检修需要。

8.1.4 综合维修中心宜采用扁平化管理模式，根据其规模和工作范围可分为维修中心和维修工区。维修中心宜与车辆段合设，维修工区应按隶属于维修中心管理进行设计，宜与停车场合设。

8.1.5 综合维修中心宜根据各专业的性质分设工建、供电、通号、机电车间。

8.1.6 工建车间应承担全线线路、F 型导轨、道岔机械结构、桥梁、路基、隧道、车站建筑等建筑物、构筑物的检查、维修、保养工作。

8.1.7 供电车间应承担全线接触轨、各种变压器、整流器、各种高低压开关柜、蓄电池、电力监控设备、动力照明线路、电力电缆等的保养维护、测试和检修工作。

8.1.8 通号车间应承担全线通信、信号系统的线路和设备、道岔控制设备等的巡检和维修保养工作。

8.1.9 机电车间应承担全线各种机电设备系统，包括通风空调系统、给排水系统、环境与设备监控系统（BAS）、火灾自动报警系统（FAS）、监控与数据采集系统（SCADA）、自动售检票系统（AFC）、门禁系统、自动扶梯及电梯系统、站台门系统以及车站其他设备系统的巡检和维修保养工作。

8.2 设施及设备

8.2.1 根据生产的需要配备生产房屋、仓库和必要的办公、生活房屋。房屋的布置应根据作业性质结合具体情况合理布局，其生产房屋宜合建为维修综合楼。

8.2.2 牵引供电系统维护工区宜与牵引变电站合建；线路/道岔系统维护工区可与车站合建，亦可在牵引变电站与牵引供电系统维护工区和抢修器材存放点合建；其他子系统维护工区可在车辆基地内合建维修中心；机电设备专业、信号、轨道等其他系统可根据抢修需要在正线车站派驻工区和抢修器材存放点。

8.2.3 综合维修中心应设置一条工程车辆停放线，停放线直线段长度不应小于60m。调机停放线可与工程车停放线共用。

8.2.4 办公房屋宜与车辆基地办公房屋合建为综合办公楼。

8.2.5 食堂、浴室等生活房屋应与车辆基地同类设施合并设置。

8.2.6 综合维修中心的变电所、空压机间和供热、供水设施应利用车辆基地的相关设备和设施。

条文说明

综合维修中心设置在车辆基地内，食堂、浴室等生活设施应利用车辆基地设施，不单独配置。变电所、空压机间和供热、供水设施设计时一并考虑。

8.2.7 综合维修中心应根据各系统的工作内容和工作量配置必要的检修和试验设备。

条文说明

全线或线路关键部位道岔宜安装道岔监测系统，并纳入综合维修管理体系，实现对道岔全寿命周期的状态监测与管理。

8.2.8 日常巡检应以自动化巡检为主，并配置相应的巡检设备。

8.2.9 综合维修中心可配置综合检测车、轨道维护车、特种车等工程车辆。

条文说明

综合检测车是检测磁浮线路 F 型导轨及接触轨病害的动态检查车辆，通过对感应板和接触轨的磨耗、高低、轨向、水平、扭曲等几何参数的检测，确认磁浮线路和接触轨的健康状况，从而指导线路和接触轨保养与维修，消除事故隐患，保障列车运输安全。

8.2.10 与运营密切相关的系统维修宜采用自主维修方式，其余系统维修可采取社会化方式。

9 物资总库

9.1 功能及架构

9.1.1 物资总库应承担全线各系统运营、检修所需的各类材料、设备、备品备件、劳保用品、F 型导轨、道岔配件以及非生产性固定资产的采购、储备、保管和发放工作。

9.1.2 车辆基地应根据线网规划情况设置线网级或线路级物资总库。

9.1.3 物资总库宜设置在包含维修中心的车辆基地内，可在包含维修工区的段场或车站内设物资分库或材料间。

9.2 设施及设备

9.2.1 物资总库应设有各种仓库、材料棚和必要的办公、生活房屋，并应设有材料堆放场地。

9.2.2 物资总库仓库区应包含大件物品存放区、恒温恒湿间、立体货架区和辅助生产房间。

条文说明

夏天温度较高，不利电子电器、仪器仪表的存放，应设置单独带空调设施的恒温恒湿间。

9.2.3 各种仓库的规模应根据所需存放材料、配件和设备的种类和数量决定。材料堆放场地应采用硬化地面。

9.2.4 不同性质的材料、设备宜分库存放，存放易燃品的仓库宜单独设置，并应符合现行国家标准《建筑设计防火规范》（GB 50016）的有关规定。

9.2.5 物资总库应考虑对外运输条件，应有道路连接基地内主要道路与外界道路。

9.2.6 物资总库生活设施应利用车辆基地的设施。

条文说明

物资总库规模及定员小，又设置在车辆基地内，食堂、浴室等生活设施应利用车辆基地设施，不单独配置。

9.2.7 立体货架区分为自动化立体仓库和普通仓库，相应配置货架及出入库设备。

条文说明

设于厂、架修车辆基地内的物资总库宜设立体仓储设备；在定修基地或停车场内的物资分库或材料库宜设普通仓储设备。

9.2.8 物资总库应配备材料、配件和设备的装卸起重设备和汽车、蓄电池车等运输车辆。

9.2.9 物资总库不应考虑材料的加工及处理。

10 培训设施

10.0.1 培训中心应负责组织和管理职工的技术教育和培训工作。

条文说明

为了便于集中管理，避免重复建设，通常一座城市的轨道交通系统宜建立一处培训中心。考虑到线网发展，可根据实际需要对培训中心进行补强或增设第二培训中心。

10.0.2 培训中心宜设于车辆基地内，对职工的实际操作训练宜利用车辆基地既有设施，生活设施应利用车辆基地的设施。

条文说明

培训中心宜设于车辆基地内，主要基于以下两个方面考虑：一是培训中心通常规模不大，在车辆基地内，便于利用车辆段的生活设施，减少管理机构，节约投资；二是靠近现场可以利用现场的设备、设施，实现现场直观教育。

10.0.3 培训中心应设司机模拟驾驶装置、应急演练模拟设施及其他系统模拟设施，设教室、阅览室、实验室和教职员工办公、生活用房，以及必要的教学设备和配套设施。

11 救援与抢险

11.0.1 救援办公室应设置值班室。值班室应设电钟、自动电话和无线通信设备,以及直通控制中心的防灾调度电话。

11.0.2 救援用的轨道车辆宜利用车辆段和综合维修中心的车辆,并应根据救援需要设置专用地面工程车和指挥车。

11.0.3 车辆基地内应根据不同的救援模式配备相应的救援设备,并充分利用车辆段和综合维修中心的设施。

11.0.4 车辆基地内应设置救援牵引用的工程车。

12 其他设施

12.0.1 车辆基地设备车间应包括设备维修车间和相应管理部门，其工作范围应包括下列内容：

1 承担全段机电设备的管理和中、小修程的检修工作。

2 承担全段各种生产工具的维修和管理工作。

3 开展并实施段内技术更新改造和小型非标准设备的制作及检修。

12.0.2 车辆基地生产设备应实行统一管理、集中检修，设备的大修宜委外或与外部协作解决。

12.0.3 车辆基地设备维修车间应根据段内机电设备和动力设施维护、检修的需要配备必要的金属切削、加工设备、电焊气焊设备、电器检测设备、管道维修设备和起重运输设备等。车辆基地的通用机加工设备宜合并设置，有条件的地区可考虑社会化协作。

12.0.4 空压机间的空压机应选择低噪声、节能型产品，其压力和容量应根据用风设备的要求确定，其数量不应少于两台。

12.0.5 车辆基地应根据工艺的要求和当地的具体情况设置采暖、通风和空调设施，采暖地区宜采用集中供热方式。

12.0.6 车辆基地室外管线应根据其性质和走向，并结合总平面图进行综合布置，应符合安全、经济、便于管理和维修的原则。

12.0.7 蓄电池间宜独立设置，其规模应满足磁浮车辆、特种工程车及其他运输车辆的蓄电池充电和维护需要。

13　相关专业设计

13.1　站场

13.1.1　车辆基地站场路基设计应符合以下规定：

1　站场线路路基宽度、路拱形状、路堤、路堑及边坡等设计应符合线路数目、路肩宽度、线间距、轨道梁形式、道岔平台形式、路基结构、排水、四电接口等要求。

2　站场线路路肩高程应根据基地附近内涝水位和周边道路高程设计，沿海或江河附近地区车辆基地的车辆线路路肩设计高程不应小于1/100洪水频率标准的潮水位、波浪爬高值和安全超高之和。

3　线路路基填料及压实标准应与正线路基标准一致。

13.1.2　车辆基地路基排水系统设计应符合下列要求：

1　相邻线路间沿线路方向均应设置纵向排水设施，站场路基面应设倾向排水系统的横向坡度，横坡坡率宜采用2%~4%。

2　路基地段道岔平台范围宜设置独立的排水系统，平台范围以外的雨水不宜排入道岔排水系统，困难条件下，在计算道岔范围内的排水能力满足要求时，道岔平台外部雨水可排入道岔范围内的排水系统，但应做好相关接口设计；道岔平台面应设置倾向排水沟的排水横坡。

3　站场路基排水系统宜采用重力自流排水方式，排入城市排水系统或自然水体。段内排水设备应采用排水沟、排水管相结合的形式，建筑密集区宜采用暗管排水，股道间宜采用盖板排水沟，穿越股道排水宜采用暗管。

4　检查坑和室外电缆沟的排水宜利用地形自然排水，困难时应自成体系，采用集中机械提升排水方式排入路基排水系统、城市排水管网或附近河沟。

5　站场雨水排水系统的设计，应使纵向和横向排水设备紧密配合，并使水流径路短而顺直；路堤和路堑地段，应结合周边地形的汇水情况分别设置路堤坡脚排水沟和路堑堑顶天沟（截水沟）。

6　排水设备的数量应根据地区年降雨量、站场汇水面积、路基纵横断面、出水口和维修难度等因素确定。

7　纵向排水坡度不宜小于2‰，特殊困难情况下，可采用1‰。穿越股道时，横向排水管的坡度不应小于5‰。

条文说明

　　车辆段（停车场）内场坪较宽、线路较多且不平行。因此，场内路基设计需要兼顾各类影响因素，在节省工程投资的前提下，满足车辆段（停车场）的生产生活需要。

　　虽然车辆段（停车场）内的车辆通行速度较低，但受中低速磁浮线路轨道结构形式的限制，车辆段（停车场）内的线路路基标准不应低于正线的路基标准，以确保线路轨道结构稳定。

　　由于道岔结构高度较高，车辆段（停车场）内路基地段道岔平台高程较场坪高程低，形成场坪坑，不利于道岔范围排水。为确保道岔区排水安全，道岔范围宜设置独立的排水系统，并在平台范围设置相应排水横坡。

　　鉴于中低速磁浮线路轨道结构形式特殊，穿越股道排水宜采用暗管。

　　避免室外电缆沟槽和检查坑积水，有利于降低电缆检修难度、提高电缆寿命和安全性，但段场内检查井及电缆沟槽布置错综复杂，排水较困难。因此，电缆沟槽的排水设计应注意利用场坪内的排水沟（管），并结合地形形成自身的排水系统，局部困难地段可设置排水泵进行抽排。

　　路堤和路堑地段，当路基外侧的地形形成向路基方向的汇水时，应在路堤坡脚和路堑堑顶设置截水沟，避免路堤坡脚积水影响路堤坡脚稳定，避免山地大量汇水冲刷路堑边坡影响边坡稳定。

　　当段场内矩形水沟深度大于1m时，宜采用宽度0.5m以上的水沟，便于水沟清理。

13.1.3　车辆基地库外站场咽喉区范围适当位置宜设置横向人行通道，通道宽3m。

条文说明

　　由于磁浮轨道的特殊性，难以在咽喉区范围设置平过道口；为便于车辆基地内站场咽喉区两侧的工作联系，考虑在咽喉区适当位置设置供人行的地道。为节省工程，同时满足人行的空间需求，拟定人行通道宽度为3m。

13.1.4　车辆基地平面设计应符合下列规定：

　　1　出入线平面最小曲线半径不宜小于100m，困难条件下，不应小于75m；缓和曲线、圆曲线以及曲线间夹直线长度应符合现行中国铁建企业技术标准《中低速磁浮交通设计规范》（Q/CRCC 32803）的有关规定。

　　2　咽喉区宜采用多开道岔（三开及以上）进行布置，道岔的布置原则应符合现行中国铁建企业技术标准《中低速磁浮交通设计规范》（Q/CRCC 32803）的有关规定。

　　3　车场线最小曲线半径不应小于75m，可不设置缓和曲线及轨道超高，曲线长度及曲线间夹直线长度应符合现行中国铁建企业技术标准《中低速磁浮交通设计规范》（Q/CRCC 32803）的有关规定。

　　4　试车线宜为平直线路，困难条件下，在满足试车技术要求的前提下可适当设置曲线和缓坡，缓坡坡度不应大于4‰。

5 线路平面间距应根据车辆限界、检修工艺、线路设施养护维修要求、线间相关结构尺寸、远期线路工程实施难度等因素综合计算确定。

条文说明

中低速磁浮道岔造价相对较高，为有效降低工程投资，在不降低车辆段（停车场）咽喉使用效率的前提下，应尽量使用多开道岔，以减少道岔使用量，缩短车场内咽喉长度。目前，中低速磁浮多开道岔主要为三开道岔，五开道岔尚在进一步研发中。

考虑工程实施难度，试车线可适当设置曲线和缓坡，但所设置的曲线及缓坡应满足试车作业技术要求。

13.1.5 车辆基地纵断面设计应符合下列规定：

1 出入线最大纵坡不宜大于60‰，困难条件下，不应大于70‰。

2 出入线的坡段长度不应小于远期列车的最大编组长度，并满足相邻竖曲线间夹直线长度不小于30m。

3 两相邻坡段的坡度代数差大于或等于2‰时，应设竖曲线进行连接，竖曲线采用圆曲线线形，半径不应小于1500m。

4 车辆段（停车场）内的库（棚）线宜设在平坡道上，库外停放车的线路坡度不应大于1.5‰，咽喉区道岔坡度不宜大于3.0‰。

13.2 轨道

13.2.1 轨道结构设计应满足车辆基地近期、远期的使用功能要求。

13.2.2 轨道结构设计应符合下列规定：

1 轨排应采取标准化、模块化设计；车辆基地的轨排宜采用与正线及配线一致的轨排标准设计。

2 车辆基地的道岔宜采用与正线及配线一致的道岔标准设计。

3 车辆基地试车线、出入线、库外线的轨枕铺设间距宜为1.2m，轨排连接处轨枕间距宜为0.8m。库内线的轨枕铺设间距应满足工艺设计要求，宜为1.4m。

4 库内线承轨台结构设计应满足库内立柱、柱式轨道桥等结构设计要求。

条文说明

中低速磁浮交通采用常导电磁悬浮、短定子、轨排的抱轨式结构，无论正线、配线还是车辆基地库线，其车辆悬浮架与轨道之间配合的工作原理一致。因此，轨排（包括感应板、F型钢、轨枕、连接件和紧固件等）设计应标准化、模块化，应满足现行中国铁建企业技术标准《中低速磁浮交通设计规范》（Q/CRCC 32803）的相关要求。

同理，道岔、扣件、承轨台等均应满足现行中国铁建企业技术标准《中低速磁浮交通设计规范》（Q/CRCC 32803）的要求。

轨枕铺设间距的设置除了考虑轨排自身工作强度及刚度外，还需结合信号测速系统技术要求、车辆段维修工艺要求等。轨排端部的竖向刚度较小，减小轨排连接处及前后轨枕铺设间距，有利于列车平稳通过轨缝。

13.2.3 轨道附属设备应符合下列规定：

1 试车线的终端宜采用液压缓冲滑动式车挡，车场线终端宜采用液压固定式车挡。

2 车辆基地股道线路应设置线路标志及有关信号标志，各种标志应采用反光材料制作，并不应侵入设备限界。

3 轨道上应设轨排编号，编号位置应便于观察。

条文说明

试车线的终端宜采用液压缓冲车挡，一般占用轨道长度 12～15m。一般情况下，允许列车撞击速度不小于 15km/h；特殊情况下，可根据车辆、信号等要求计算确定。车场线终端宜采用液压固定式车挡，一般占用轨道长度 2～3m，允许列车撞击速度不小于 5km/h。

在被列车撞击后，车挡液压装置能有效消耗列车的动能，迫使列车停住，可保障人身和车辆的安全，有效减少人身及车辆设备事故损失。经过撞击试验证明，地铁、单轨同类型的液压缓冲车挡效果好。

固定式车挡结构简单，造价低，可满足车场线的安全要求。

13.2.4 车辆基地轨道接口设计应满足以下要求：

1 车辆基地轨道设计应考虑线路、站场、路基、桥梁、供电、通信、信号等相关工程的接口技术要求，统筹规划，系统设计。

2 轨道设计应对路基、桥梁等工程结构物提出轨道结构预埋件等相关要求。

3 路基、桥梁等土建工程设计应满足道岔、轨排接头、车挡等轨道部件设置的要求。

4 轨道结构与承轨梁连接构造中可设置轨道的减振构件。

5 轨道和道岔在高架线及地面线地段应设置防雷接地，接地电阻值不应大于 10Ω。

6 轨枕铺设间距应满足信号测速系统设计的要求。

7 信号设备的安装应满足轨道结构承载力、耐久性和正常使用的要求。

13.3 建筑

13.3.1 车辆基地应做好生产、生活功能分区，适当配套运动休闲场地，综合考虑机动车和非机动车停车设施布置。

13.3.2 车辆基地总平面布置、单体建筑设计应满足现行国家标准《建筑设计防火规范》（GB 50016）的有关规定。车辆段应设置不小于2个出入口，出入口位置应处理好与城市主、次干道、道路交叉口、过街天桥等其他市政交通设施之间的关系。所有功能用房在满足工艺要求的基础上，应统筹协调综合布置，有效利用建筑空间，合理控制建筑规模。

13.3.3 车辆基地建筑物、构筑物应统一考虑建筑风格。

13.3.4 车辆基地应满足系统功能要求，合理布置设备与管理用房，应采用标准化、模块化、集约化设计。

13.3.5 车辆基地建筑物与构筑物应便于施工、检修和维护保养。

13.3.6 建筑室内装修应采用防火、防潮、防腐、耐久、清洁的材料，地面材料应防滑、耐磨，有噪声源的房间应采取隔声、吸声措施。

13.3.7 车辆基地内磁浮列车进出库门应便于开启和关闭，在无法正常操作状态下应配备简易的紧急开启功能。

13.3.8 洗车控制机房应具备良好的观察视野，车辆清洗区域避免大量强弱电缆铺设，两侧墙体、屋顶应做好防水处理措施。

13.3.9 车辆基地内宜单独设置危险品库，并满足现行国家标准《建筑设计防火规范》（GB 50016）的有关规定。

13.3.10 车辆基地建筑宜采用自然通风和天然采光。工业建筑应满足现行国家标准《工业建筑节能设计统一标准》（GB 51245）的有关规定；民用建筑应满足国家和地方相关节能设计规定，主要民用建筑应根据国家和地方关于绿色建筑评价标准的有关规定，确定星级目标。

13.3.11 车辆基地内建筑应设置满足无障碍通行要求设施，并应符合现行国家标准

《无障碍设计规范》（GB 50763）的有关规定。

13.3.12 车辆基地内食堂、宿舍、办公用房、机电设备用房、汽车停车场等的设置均应符合国家现行有关标准的规定。

13.4 结构

13.4.1 结构设计应以满足功能需要为前提，满足城市规划、工艺布置、行车运营、环境保护、抗震、防水、防火、防护、防腐蚀及施工等要求，并应做到结构安全、耐久、技术先进、经济合理。

13.4.2 结构设计应根据车辆基地所在地段的建设条件，通过技术、经济、工期、环境影响和使用效果等综合研究，在确保工程建设安全、可靠的条件下，合理选择结构形式和施工方法。

13.4.3 结构的净空尺寸应满足建筑限界、施工工艺及其他使用要求，并应考虑结构变形、施工误差、测量误差及后期沉降的影响。

13.4.4 结构安全等级不宜低于二级，且应符合现行国家标准《工程结构可靠性设计统一标准》（GB 50153）和《建筑结构可靠性设计统一标准》（GB 50068）的有关规定。

13.4.5 结构的抗震设计应符合现行国家标准《建筑抗震设计规范》（GB 50011）的有关规定。

13.5 低置结构

13.5.1 承轨梁宜采用框柱梁、门式框架梁等便于管线布置梁型，承轨梁设计应符合现行中国铁建企业技术标准《中低速磁浮交通设计规范》（Q/CRCC 32803）的相关要求。

条文说明

车辆基地机电设备较多，各种管线布置密集，需频繁过轨，轨道梁采用框柱梁、门式框架梁等形式，管线可以从梁体中穿过，不仅便于管线的布置和安装，而且便于管线检修和维护。

13.5.2 路基基床应由基床表层和基床底层构成，基床厚度应为1.8m，其中基床表层厚度应为 0.3m，基床底层厚度应为 1.5m。

13.5.3 基床表层填料应采用级配碎石，基床底层填料应采用 A、B 组填料或化学改良土，基床以下部位填料宜选用 A、B、C1、C2 组填料或化学改良土，填料的技术要求应符合现行行业标准《铁路路基设计规范》（TB 10001）的有关规定，压实标准应符合现行中国铁建企业技术标准《中低速磁浮交通设计规范》（Q/CRCC 32803）的有关规定。

13.5.4 低置结构设计应考虑路基与桥梁、横向结构物、隧道等工程，以及路基不同结构之间的衔接过渡，过渡段设计应符合现行中国铁建企业技术标准《中低速磁浮交通设计规范》（Q/CRCC 32803）的有关规定。

13.5.5 软土、膨胀土、湿陷性土、冻土等特殊岩土地段路堤的设计，应符合现行行业标准《铁路特殊路基设计规范》（TB 10035）的有关规定。

13.5.6 道岔区路基设计应满足以下要求：
1 道岔区路基应按刚性路基设计，宜采用钢筋混凝土承台板作为道岔的安装平台，承台板施工时应预埋安装道岔基座的连接构件。
2 岔区基底为软弱地基时，宜采用钻孔桩、管桩等刚性桩加固措施。
3 路基与道岔连接处应设置端墙和过渡衔接措施，连接处承轨梁的顶面设计高程应保持一致。

条文说明

中低速磁浮交通道岔为钢梁，采用机械传动，道岔安全运营对变形要求较高，道岔应安装在刚性路基上，宜采用钢筋混凝土承台板作为道岔的安装平台，同时道岔基底为软弱地基时，宜优先采用钻孔桩、管桩等刚性桩进行加固。

道岔承轨梁比低置结构承轨梁的截面高度高，相接处路基截面高度出现突变，故相接处应设置端墙。道岔区路基为刚性路基，两端与路基相接处应设置过渡衔接措施，确保线路沿纵向实现刚度及变形均匀变化，保证岔区 F 型导轨的平整性满足设计要求。

13.5.7 路基边坡应进行防护设计，防护措施应结合边坡的岩土性质、地质构造、水文地质条件、气候环境、边坡坡率与高度、水土保持、环境保护及景观要求等进行合理选择。当气候条件适宜时，宜采用植物防护或植物防护与工程防护相结合的措施。

13.5.8 路基边坡防护工程设计应符合现行行业标准《铁路路基设计规范》（TB 10001）的有关规定。

13.5.9 路基支挡结构设计应符合现行行业标准《铁路路基支挡结构设计规范》（TB 10025）的有关规定。

13.6 信号

13.6.1 车辆基地信号系统应包括：计算机联锁（CI）子系统、列车自动监控（ATS）子系统、列车自动防护（ATP）子系统、维护监测子系统、试车线子系统，及日常维修、检测工具器具和设备。根据需要配置信号培训子系统。

条文说明

对于自动化车辆基地，其 ATP 子系统与正线一致。对于非自动化车辆基地，ATP 子系统指道岔区安全防护系统设备。由于中低速磁浮采用轨道梁结构形式的道岔，非道岔开向端会形成断轨，如果磁浮列车冒进信号，则存在掉道的风险。所以中低速磁浮车辆段/停车场有必要配置道岔区安全防护设备。信号培训系统设备可根据工程情况、投资控制、运营维护和线网规划等因素选择配置。

13.6.2 车辆基地信号系统应符合下列要求：

1 车辆基地应设置进、出基地信号机，调车信号机应满足车辆在基地内调转需求，进、出基地信号机与调车信号机应以显示禁止信号为定位。

2 非自动化车辆基地信号联锁系统宜单独控制，ATS 系统应监视车辆基地作业情况，自动化车辆基地信号联锁系统应纳入 ATS 监控范围。

3 列车出入基地宜为列车信号，根据需要也可采用调车信号。

4 车辆基地信号系统应具有道岔区安全防护功能，配置相应 ATP 系统设备。

5 信号车地无线通信应覆盖停车库线。

条文说明

目前国内轨道交通项目列车出入车辆基地多采用列车信号，但也有部分轨道交通项目（如北京地铁部分项目、长沙磁浮快线项目）从提高车辆基地接发车进路的灵活性和出入基地能力等角度考虑采用调车信号，设计时应根据运营需要灵活选取。

信号车地无线通信覆盖停车库线，主要是满足列车出库前车载设备的自检需求，避免列车运行至转换轨才发现车载通信故障而返回，减少对运营造成影响。

13.6.3 试车线信号系统应符合下列要求：

1 试车线信号系统设备的配置，应满足信号系统车载设备功能的动态测试需求和试车线双向试车的需要。

2 试车作业时，应进行试车线控制权的交接，试车线系统与车辆段系统的接口设计应保证试车作业的安全，且与车辆段作业互不影响。

条文说明

试车线信号系统是为了满足车载信号设备维修后的测试需求，以及与信号相关车辆牵引、制动系统维修后的测试需求，一般性车辆试车不是一定需要信号系统。

13.6.4 信号培训系统设备应符合下列要求：

1 培训设备应能提供运行环境模拟、故障设定及仿真功能。

2 培训设备应包含列车自动控制（ATC）系统各种类型的实物设备，冗余结构的系统设备可简化为非冗余配置。

条文说明

信号培训系统设备可根据工程情况和需要选择配置。

13.6.5 信号日常维修和检测设备应符合下列要求：

1 日常维修和检测设备包括通用工器具、专用维修工具及交通工具等。

2 专用维修工具和设备应满足本线所配置 ATC 系统维修需求。

3 通用工器具和交通工具应与维修体制相匹配，满足日常工区维护、检修和基地维修的需要。

13.7 供变电

13.7.1 车辆段（停车场）应设牵引变电所。车辆基地或停车场内的接触轨应由车辆基地或停车场牵引变电所单独供电。

13.7.2 在正常供电条件下，车辆基地或停车场内的牵引变电所不宜向正线供电。

13.7.3 车辆基地或停车场与正线接触轨之间的供电支援应视供电系统运行要求而定。

条文说明

磁浮一般采用专设回流轨的供电方案，回流轨采用与授电轨相同等级的绝缘安装方案，因此正线和段场均已基本不存在杂散电流泄漏问题，必要时可考虑车辆基地或停车场牵引变电所对正线供电。

13.7.4 车辆基地牵引变电所宜按无人值班、有人值守设计。

13.7.5 在车辆基地应设置供电车间，以对供电设备进行管理与维护。

13.8 接触轨

13.8.1 停车列检库均应根据车辆受电方式设置接触轨供电。

13.8.2 双周/三月检、静调库等库线根据车辆受电及检修需求可设置接触轨或滑触线供电。

13.8.3 电化的库线均应设置接地轨。

13.8.4 库前接触轨均应设置分段和带接地刀闸隔离开关，列位间接触轨根据车辆检修需求设置分段和带接地刀闸隔离开关，并应设置送电时的带电显示装置或声音提示。库线宜由变电所独立回路供电。

13.9 给排水及消防

13.9.1 给水系统设计应满足生产、生活和消防用水对水量、水压和水质的要求，并应坚持综合利用、节约用水的原则。

条文说明

　　车辆基地给水设计应满足生产、生活和消防用水对水量、水压和水质的要求。我国现有水资源严重缺乏，人均水资源是世界平均水平的1/4，用水形势很严峻，车辆基地的各项用水应厉行节约，对不符合排放标准的污水及废水应处理，可利用的应尽量重复利用。

13.9.2 给水水源宜采用城市自来水。当城市自来水提供两根给水引入管时，生产、生活系统宜与室外消防给水系统共用且布置成环状；当城市自来水提供一根给水引入管时，生产、生活和室外消防给水系统应分开布置，室内外消防给水系统是否共用应经过技术经济比较确定。

条文说明

　　车辆基地给水水源应尽量利用城市自来水水源。当城市自来水提供两根给水引入管且市政供水压力满足最不利点室外消火栓的压力要求时，为减少车辆基地内给水管网的敷设数，生产、生活给水系统与室外消防给水系统宜共用。由于各地自来水公司的要求均不同，因此室外生产生活与消防给水方案仍应征询当地市政供水部门的意见。

13.9.3 给水用水量定额应按下列规定确定：

1 办公人员生活用水量应按 30～50L／（班·人）标准确定，小时变化系数宜取 2.0。

2 消防用水量应符合现行国家标准《建筑设计防火规范》（GB 50016）和《消防给水及消火栓系统技术规范》（GB 50974）的有关规定。

3 生产工艺用水应按工艺要求确定。

4 路面洒水、绿化及草地用水、汽车冲洗用水，应符合现行国家标准《建筑给水排水设计规范》（GB 50015）的有关规定。

5 不可预见水量和管网漏水量之和应按车辆基地内生产、生活最高日用水量的15%计算。

13.9.4 当城市自来水的供水量和供水压力不能满足车辆基地生产、生活给水系统的要求时，应设给水泵房和蓄水设施，给水加压设备宜采用变频调速或叠压供水装置。

条文说明

因屋顶水箱和水塔容易造成生活给水系统二次污染，故不宜在车辆基地生产、生活给水系统中使用。生产、生活给水泵需要长期工作，为了降低水泵的能耗，给水加压设备宜采用变速或叠压供水等节能设备，但叠压供水设计方案应经当地市政供水行政主管部门或供水部门批准认可。

13.9.5 当车辆基地周围有城市杂用水系统且水质满足使用要求时，其内部冲厕、绿化及地面冲洗水可利用城市杂用水系统供水。

条文说明

车辆基地周围的城市杂用水系统且水质满足使用要求时，直接利用城市杂用水应作为车辆基地内冲厕、绿化及地面冲洗水等非接触用水的首选方案。

13.9.6 在日照充足地区，车辆基地内公共浴室、食堂、公寓等热水系统宜采用太阳能热水系统。

条文说明

太阳能作为一种新能源，是一种清洁无污染的可再生能源。我国幅员辽阔，大部分地区太阳能年日照时数大于1400h，水平面上年太阳辐照量大于4200MJ／（m²·a），在这类地区，车辆基地内集中热水供应系统宜选用太阳能热水系统，太阳能热水系统辅助加热系统的选型应在经过技术经济比较的基础上确定。

13.9.7 室外给水及消防管道穿越车辆基地内轨道时，应设防护套管或综合管沟。

条文说明

车辆基地内多处设有轨道，给排水及消防系统管道在穿越轨道时，应设置防护套管或综合管沟以满足管道及时检修或更换的要求。

13.9.8 排水量定额应符合下列规定：
1 生活排水量标准应按用水量的 90% ~ 95% 确定。
2 生产用水排水量应按工艺要求确定。
3 冲洗和消防废水排水量和用水量应相同。
4 车辆基地内重要建筑屋面雨水应按 10 年一遇暴雨强度进行计算，排水工程与溢流设施的总排水能力不应小于 50 年暴雨重现期的雨水量；其他建筑屋面雨水应按 2 ~ 5 年一遇暴雨强度进行计算，排水工程与溢流设施的总排水能力不应小于 10 年暴雨重现期的雨水量。

条文说明

车辆基地地面建筑暴雨强度重现期取值参照了现行国家标准《建筑给水排水设计规范》（GB 50015）的有关规定。车辆基地内的运用库、检修库屋面面积较大，担负着列车的停放和检修功能，地位重要。因此，屋面雨水暴雨重现期按照重要建筑屋面进行取值，库内除高层建筑外的其他建筑屋面雨水暴雨重现期可按照一般性建筑物屋面取值。

13.9.9 洗车库的废水应经过处理后重复利用；其他含油废水，不符合国家规定的排放标准时，应经过处理达到标准后排放。

13.9.10 车辆基地附近无城市污水排水系统时，其内部的生产废水、生活污水应经过处理达到排放标准后再排放。

13.9.11 车辆基地宜采用渗透地面、屋顶绿化，以及设置雨水集蓄设施等技术措施对雨水进行综合利用。

13.9.12 大型库房的屋面雨水排水宜采用压力流排水系统。

条文说明

车辆基地内运用库、检修库等部分库房面积较大，若采用重力流排水系统，排水管道较多且敷设较困难。采用压力流排水系统可减少管道敷设数量和坡降，该系统已在国内大型库房中得到广泛应用。

13.9.13 室内重力流排水管道宜采用阻燃型硬聚氯乙烯排水管及相应管件，或柔性接口机制排水铸铁管及相应管件，虹吸压力排水管宜采用承压塑料管及不锈钢管。室外排水管宜采用塑料管。

13.9.14 给水与排水系统宜按自动化管理设计。

13.9.15 车辆基地消防给水系统，应结合给水水源等因素确定，宜按下列要求确定：

1 当城市自来水的供水量能满足消防用水的要求，而供水压力不能满足消防用水压力的要求时，应设消防增压、稳压设施，当地消防和市政部门许可时，可从市政管网直接引水。

2 当城市自来水的供水量不能满足消防用水量要求或城市自来水管网为枝状管网时，应设消防增压、稳压设施和消防水池。

条文说明

消防水泵从市政管网直接吸水时，水泵扬程除应按市政给水压力的最低值计算外，还应按市政最高供水压力对水泵的工况和车站内消防给水管网的压力情况进行复核。

当城市自来水管网为枝状管网时，其消防供水可靠性较差，若在火灾时供水中断，将不利于消防队员及时施救。此时，在车辆基地内设置消防水池储存足够的消防用水是必要的。

13.9.16 管材及附件的设置应符合下列规定：

1 消防给水管宜采用球墨铸铁给水管、热镀锌钢管或经国家固定灭火系统和耐火构件质量监督检验中心检测合格的其他管材。

2 室外埋地给水管道宜采用球墨铸铁给水管。

3 过轨敷设的管道宜采用球墨铸铁管、厚壁不锈钢管等耐腐蚀、防杂散电流性能较好的管材。

4 当消防给水管道接口采用柔性连接方式明装敷设时，应在转弯处设置固定设施或采用法兰接口。

本规范用词说明

1 为便于在执行本标准条文时区别对待，对于要求严格程度不同的用词说明如下：

1）表示很严格，非这样做不可的：

正面词采用"必须"；反面词采用"严禁"。

2）表示严格，在正常情况下均应这样做的：

正面词采用"应"；反面词采用"不应"或"不得"。

3）表示允许稍有选择，在条件许可时首先应这样做的：

正面词采用"宜"；反面词采用"不宜"。

4）表示有选择，在一定条件下可以这样做的，采用"可"。

2 条文中指明应按其他有关标准、规范执行的写法为："应符合……的规定"或"应按……执行"。

引用标准名录

1　《建筑抗震设计规范》（GB 50011）
2　《建筑给水排水设计规范》（GB 50015）
3　《建筑设计防火规范》（GB 50016）
4　《建筑结构可靠性设计统一标准》（GB 50068）
5　《工程结构可靠性设计统一标准》（GB 50153）
6　《无障碍设计规范》（GB 50763）
7　《消防给水及消火栓系统技术规范》（GB 50974）
8　《工业建筑节能设计统一标准》（GB 51245）
9　《铁路路基设计规范》（TB 10001）
10　《铁路路基支挡结构设计规范》（TB 10025）
11　《铁路工程地基处理技术规程》（TB 10106）
12　《中低速磁浮交通设计规范》（Q/CRCC 32803）

涉及专利和专有技术名录

[1] 中铁第四勘察设计院集团有限公司．中低速磁悬浮列车大部件拆装设备：201510707971.4［P］．2017-12-15.

[2] 中铁第四勘察设计院集团有限公司．中低速磁悬浮列车悬浮架的拆装设备：201510708210.0［P］．2017-10-20.

[3] 中铁第四勘察设计院集团有限公司．一种适用于中低速磁悬浮列车的悬浮架助行器：201511007554.5［P］．2018-01-02.

[4] 中铁第四勘察设计院集团有限公司．一种磁悬浮列车库内检修用的离散型柱式轨道桥系统：201511020411.8［P］．2017-11-14.

[5] 中铁第四勘察设计院集团有限公司．一种多功能疏散系统：201621128764.X［P］．2017-04-26.

[6] 中铁第四勘察设计院集团有限公司．一种减震磁悬浮列车悬浮架拆装装置：201621125873.6［P］．2017-06-06.

[7] 中铁第四勘察设计院集团有限公司．一种适用于中低速磁浮车辆制动闸片检修的F轨：201621131957.0［P］．2017-04-26.

[8] 中铁第四勘察设计院集团有限公司．一种适用于磁悬浮车辆液压支撑轮检修的F轨：201621131956.6［P］．2017-04-19.

[9] 中铁第四勘察设计院集团有限公司．一种磁悬浮车辆大部件检修轨道：201621127481.3［P］．2017-05-10.

[10] 中铁第四勘察设计院集团有限公司．一种传力平稳的磁悬浮列车悬浮架拆装机构：201720957933.9［P］．2018-03-13.

[11] 中铁第四勘察设计院集团有限公司．一种升降平稳的磁悬浮车辆悬浮架拆装机构：201720957935.8［P］．2018-06-08.

[12] 中铁第四勘察设计院集团有限公司．一种适用于中低速磁悬浮列车的移车台：201720955352.1［P］．2018-03-13.

本文件的发布机构提请注意，声明符合本文件时，可能涉及相关专利的使用。

本文件的发布机构对于该专利的真实性、有效性和范围无任何立场。

该专利持有人已向本文件的发布机构保证，他愿意同任何申请人在合理且无歧视的条款和条件下，就专利授权许可进行谈判。该专利持有人的声明已在本文件的发布机构备案。相关信息可通过以下联系方式获得：

专利持有人姓名：中铁第四勘察设计院集团有限公司

地址：湖北省武汉市武昌区和平大道 745 号

请注意除上述专利外本文件的某些内容仍可能涉及专利。本文件的发布机构不承担识别这些专利的责任。